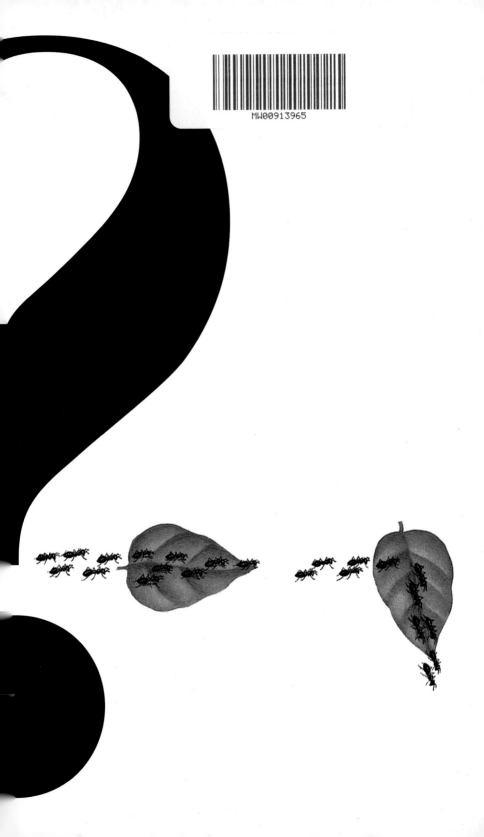

MW00913965

Escrito por Marie Saint-Dizier
Ilustrado por Martin Jarrie

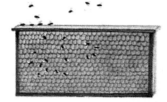

Consejo pedagógico:
Équipe du bureau de l'Association Générale des Instituteurs
et Institutrices des Écoles et Classes Maternelles Publiques
(Asociación General de Educadores
y Educadoras del Nivel Preescolar Público).

Consejo editorial:
Rémi Chauvin, profesor emérito
en sociología animal de la Sorbona

. Título original: Abeilles, fourmis, termites: des insectes en famille
Edición original: Gallimard-Jeunesse
Cuidado de esta edición: Gerardo Mendiola y Carlos Tejada
Traducción: Adrián Pellaumail
Diseño de interiores: Solar Editores S.A de C.V

ISBN 970-770-361-X
D.R. Santillana Ediciones Generales, S.A. de C.V. 2006.
Av. Universidad 767 Col. Del Valle, México, D.F. 03100, Teléfono 54207530

Abejas, hormigas, termitas: insectos que viven en familia

Altea

¿Ya has observado a una abeja libando de flor en flor?

Una abeja libando

Tal vez le hayas dado azúcar a las hormigas: ¡les encanta!
Pero ¿has visto a las termitas?
Lo más seguro es que no.
Ellas se esconden dentro de la madera vieja.

Unas hormigas

Unos insectos que viven en familia

Las abejas, las hormigas y las termitas no pueden vivir solas; siempre viven en grupo. ¿Cómo se reconocen entre sí los integrantes de un mismo grupo? ¡Tienen el mismo olor! Están muy bien organizados, al igual que los hombres.
Tienen a su reina, sus obreras y sus soldados.

Una termita junto a su termitero

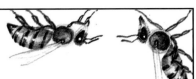

Gracias a las pequeñas ventosas que tiene debajo de sus patas, la abeja puede caminar en techos y paredes.

Las abejas silvestres viven en los huecos de los árboles. Las abejas domésticas, las que son criadas por el hombre, viven en unas casitas de madera: las colmenas.

La colmena tiene unos 50 000 habitantes, tanto como una ciudad.

Casi todas las abejas son hembras. A lo largo de su vida son, sucesivamente, nodrizas, albañiles, limpiadoras, libadoras y soldados. Su cuerpo se adapta a cada trabajo. ¡Fabrica la cera cuando son albañiles, la jalea real cuando son nodrizas, y cuando liban, les sirve para almacenar el néctar! Hay muy pocos machos. Ellos no pican y no trabajan, y son alimentados por las obreras.

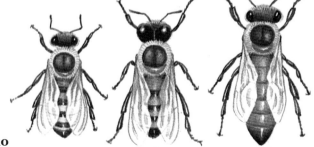

1. Obrera
2. Macho o zángano
3. Reina

1   2   3

Las abejas construyen las celdillas con una impresionante perfección geométrica.

En la colmena, las abejas construyen celdillas de cera.

<u>¿De dónde proviene esta cera?</u>
Sale del vientre de la pequeña constructora. La abeja la moldea en forma de bola y luego la coloca en su lugar. Para hacer una bola, ¡debe comer mucha miel!
La colmena siempre está bien aseada: las limpiadoras echan las basuras afuera. Cuando hace calor, las obreras ventilan la colmena batiendo las alas.

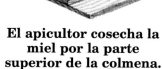

El apicultor cosecha la miel por la parte superior de la colmena.

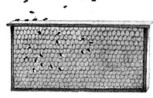

Un panal lleno de celdillas.

Colmena tradicional de montaña.

Colmenas cavadas en troncos de castaños, con techos de piedra.

Unos sombreros de paja protegen las colmenas.   **Colmenas de varios pisos.**

La reina es la madre de todas las abejas.

Rodeada de sus obreras, pone miles de huevos noche y día. ¿Dónde los deposita? En unas pequeñas casillas de cera: las celdillas. Las larvas salen del huevo a los tres días. Las nodrizas les dan polen y miel: es el alimento de todas las abejas.

Este dibujo te enseña cómo el huevo se convierte en una larva que luego se transforma en abeja.

Las futuras reinas tienen una dieta especial.

Comen jalea real, una sustancia que segregan las nodrizas. La reina vive cinco años, la obrera sólo un mes.

¡Esta abeja velluda acaba de salir de su celdilla!

La abeja zumbadora liba las flores.

¿Se estará alimentando? No, recolecta polen, el fino polvo de las flores, y su dulce líquido, el néctar.

La abeja sorbe el néctar con su lengua peluda.

La abeja también sorbe agua para refrescar la colmena. Almacena el néctar en su despensa personal, el buche: es una especie de estómago. Luego lleva el polen a la colmena para alimentar a las larvas, y el néctar para transformarlo en miel.

Recoge bolitas de polen que se adhieren a sus patas traseras.

La abeja liba las flores azules, blancas, amarillas y moradas porque son las que ve mejor. Así es como ve los colores de las flores que aparecen en la página anterior.

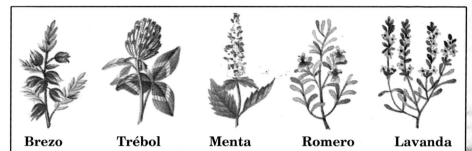

Brezo   Trébol   Menta   Romero   Lavanda

¡La abeja libadora hace unos diez viajes al día!

Para volver a encontrar su colmena, se orienta en función de la posición del sol. A su regreso, indica a las demás de dónde viene. ¿Cómo? Ejecutando una danza en el panal. ¿Baila en círculo? Quiere decir que las flores se encuentran a menos de 100 metros. ¿Describe una figura en forma de ocho? Entonces las flores están más lejos... La danza de las abejas es como un lenguaje. Cuando vuelve a la colmena, deposita sus bolitas de polen y el néctar en las celdillas, y se vuelve a ir.

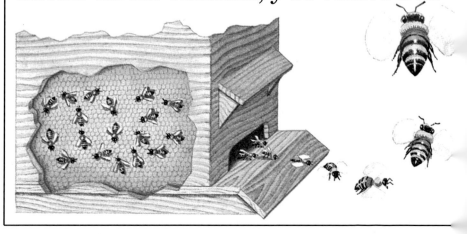

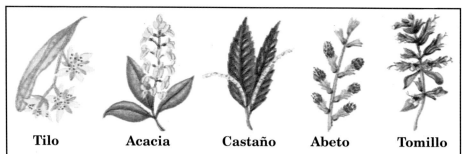

| Tilo | Acacia | Castaño | Abeto | Tomillo |

¿Cómo hace la abeja obrera para hacer miel?

Bate las alas por encima del néctar: el agua que contiene se evapora y el néctar se convierte en una pasta. Entonces, lo rumia en su buche y luego lo regurgita en una celdilla. Tapa cuidadosamente la celdilla con cera. ¡Pronto estará lista la miel!

Pero el sabor de la miel varía mucho en función del aroma de las flores que la abeja ha libado.

La obrera almacena el polen en las celdillas y lo comprime con la cabeza.

¿Cómo cosecha la miel el apicultor?

Levanta el techo de la colmena y saca los panales llenos de miel. En una temporada, puede cosechar hasta 35 botes grandes. Pero siempre deja provisiones para que las abejas pasen el invierno. En México, los mayas y totonacas criaban abejas sin aguijón (meliponas), pues la miel era uno de sus principales alimentos, además de que la utilizan con fines religiosos y medicinales. Con ella también pagaban tributo a los españoles.

¿Qué hacen las abejas durante el invierno?

Apiñadas en racimo en la colmena, hibernan entumidas. La reina deja de poner huevos, las obreras dejan de libar. Comen miel. Si les llega a faltar, el apicultor les da jarabe de azúcar.

Antes de abrir la colmena y sacar los panales, el apicultor llena la colmena de humo para despistar a las abejas.

Raspa los panales para quitarles las tapas de cera, y luego los hace girar muy rápido: la miel se escurre en el cubo.

El apicultor cría abejas para cosechar miel. Si coloca a la reina en su mentón, las abejas se amontonarán alrededor de ésta, formando una especie de barba.

Las abejas se multiplican. ¿Qué hacen cuando la colmena está demasiado poblada?

Un enjambre silvestre

Enjambran: la mitad se echa a volar detrás de la vieja reina y se agarran a una rama. ¡Qué suerte para el apicultor! Meterá el enjambre en una nueva colmena. **En la antigua colmena, se despierta una joven reina.** Pica a las demás reinas para matarlas y se echa a volar. Es fecundada por los zánganos y luego regresa a la colmena para poner sus huevos...

El apicultor ayuda a las abejas a entrar en la colmena.

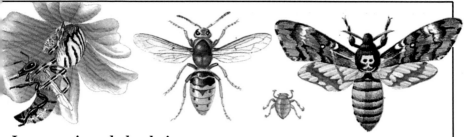

Los enemigos de la abeja:

Araña   Avispón   Piojo   Esfinge de calavera

La miel atrae a muchos golosos.

Pero las guardianas vigilan la entrada con las alas abiertas. ¡Cuidado con su aguijón! Están dispuestas a picar a todos los que quieran entrar: avispas, avispones, abejas de otras colmenas, ¡e incluso el oso y el tejón que vienen a meter el hocico!

¿Y qué pasa cuando un ratón logra colarse?

No tardan en matarlo, picándolo por todas partes. Pero su cuerpo es demasiado pesado como para que lo puedan sacar. Pronto olerá mal. ¿Qué pueden hacer? Las abejas lo cubren de propóleos, una especie de pasta rojiza: ¡el cuerpo del ratón se desecará sin pudrirse!

Las obreras elaboran propóleos con resina de tallos.

Las hormigas aladas suelen ser jóvenes reinas.

Corren y corren, las hormigas...

Al igual que las abejas, tienen reina, obreras y soldados. Pero su vida es más larga que la de las abejas: la obrera vive dos años, la reina veinte.

La joven reina alada busca por sí sola un hoyo, rompe sus alas antes de entrar en él y empieza a poner huevos. En unas cuantas semanas, nacen unas larvas, que se convierten en hormigas y agrandan el hormiguero con ramitas, musgo y saliva. Excavan galerías, construyen cámaras para los huevos, para las larvas y para los capullos. ¡Estas cámaras incluso tienen puertas que cierran durante la noche!

1   2   3

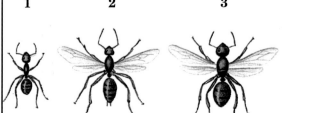

1. Obrera
2. Macho
3. Reina

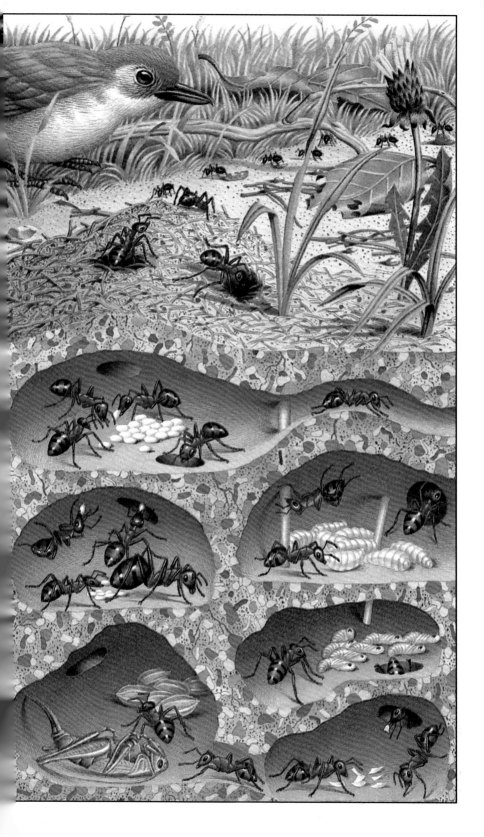

Si ves pequeños montículos de ramitas en el bosque, no los vayas a pisar: ¡pueden ser el techo de un hormiguero!

Un chapulín devorado por unas hormigas.

¿Qué come la hormiga? Semillas, hojas, insectos y frutas. ¡Les encanta el líquido dulce que segregan los pulgones! **¿Qué hace cuando encuentra un chapulín demasiado grande para ella?** Le avisa a las demás. Deja a su paso unas gotas olorosas, que sirven de señales para seguir la pista. Quieren decir: "¡Vengan a ayudarme!" Las hormigas tienen un lenguaje de olores: "¡Peligro! ¡Alimenten a la reina! ¡Retiren la hormiga muerta!..."

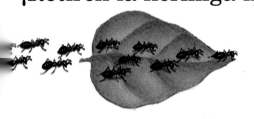

Ves cómo las hormigas siguen el olor de sus compañeras sobre esta hoja. ¡Si mueves la hoja, las hormigas también cambiarán de rumbo!

Las hormigas melíferas almacenan el líquido dulce en su abdomen, ¡que se vuelve enorme! Tal vez sólo conozcas a las hormiguitas rojas, ¡pero existen otras 6 000 especies más!

Las larvas de las hormigas tejedoras producen los hilos de seda.

Las hormigas tejedoras de Asia son costureras.

Hacen su nido doblando unas hojas que cosen con hilos de seda. Las terribles hormigas legionarias se lanzan al ataque en columnas. Devoran todo lo que encuentran a su paso, como por ejemplo esta gran serpiente.

En Sudamérica, las hormigas parasol recortan hojas sobre las que harán crecer hongos.

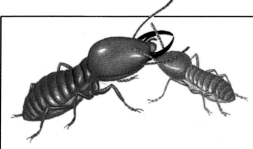

Una obrera alimenta a una soldado.

¿Qué es blanco, ciego y come madera?

La termita. Nunca sale de su termitero. El aire la deseca y puede matarla. En los países de clima cálido, las termitas construyen con tierra y saliva termiteros que pueden llegar a ser más altos que un hombre.

Al interior, miles de túneles conducen a amplias cámaras en las que se almacenan ramitas, hojas, madera vieja...

En el centro, se encuentra la cámara real. Ahí es donde pone la enorme reina junto al pequeño rey.

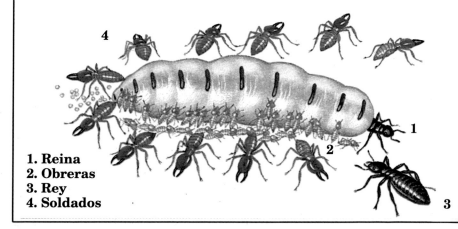

1. Reina
2. Obreras
3. Rey
4. Soldados

También hay termitas en las casas.

Causan terribles estragos. ¡Mira lo que han hecho con esta casa! En los países de clima más frío, las termitas viven dentro de los árboles o en las vigas de las casas.
Carcomen la madera y excavan numerosas galerías para hacer sus termiteros. ¡Ni siquiera el concreto las detiene: lo contornean!

¡La cabeza de la termita obrera con la que carcome la madera!

¿Sabías que las termitas tienen un código para comunicarse parecido a la clave Morse?

En caso de peligro, dan dos o tres golpes en la madera. De inmediato, sus compañeras corren a refugiarse hasta el fondo del nido.

Las termitas devoran también los libros, ¡de los cuales sólo queda la cubierta!

¿Verdadero o falso?

Avispa

Abeja

La avispa es más grande que la abeja. **Falso.**

Si te picó una abeja, tienes que rascarte. **Falso.** Se te clavaría más profundo el aguijón. Hay que quitarlo con unas pincitas muy limpias y ponerse un poco de vinagre.

Abejorro

La abeja vuela a 25 kilómetros por hora. **Verdadero.**

La hormiga es enemiga de la termita. **Verdadero.**

Avispón

Las hormigas no sirven de nada. **Falso.** Al remover la tierra, la aflojan, lo que es bueno para las plantas.

Un gran hormiguero consume diez mil insectos al día. **Verdadero.**

Las hormigas pican. **Verdadero** y **falso.** Sólo algunas especies pican, pero sus picaduras pueden ser terribles, como la hormiga de fuego de América.

Las termitas soldados echan un veneno sobre sus enemigos. **Verdadero.** Es un líquido que les sale de la frente.

Una termita soldado defiende su termitero contra las hormigas.

Las abejas

Sin cesar gotea
Miel el colmenar;
Cada gota es una abeja...

Hormigas

Hormiga sobre un
Grillo inerte. Recuerdo
De Gulliver en Liliput...

José Juan Tablada
(México, 1871-1945)

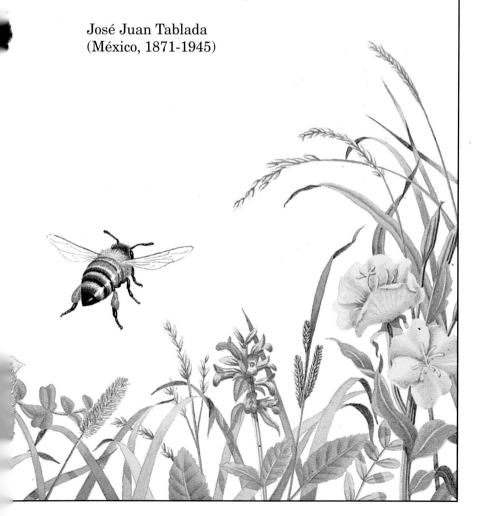

Otros libros publicados en esta colección